U0191752

（法）纳奥米·黛丝克莱布 著
曹雅歌 译

蒙台梭利科学启蒙书 | 生命的故事

四川科学技术出版社

图书在版编目（CIP）数据

生命的故事 / (法) 纳奥米·黛丝克莱布著；曹雅歌译. -- 成都：四川科学技术出版社, 2020.1
（蒙台梭利科学启蒙书）
ISBN 978-7-5364-9600-2

Ⅰ. ①生… Ⅱ. ①纳… ②曹… Ⅲ. ①生命科学－少儿读物 Ⅳ. ①Q1-0

中国版本图书馆CIP数据核字（2019）第283912号

著作权合同登记图进字21-2019-572号
© La Librairie des Ecoles, 2018
7, Place des Cinq Martyrs du Lycée Buffon
75015 PARIS, France
All rights reserved. No part of this publication may be reproduced, stored in a retrieval system or transmitted in any form by any means, electronic, mechanical, photocopying, recording or otherwise, without written permission from the publisher.

The simplified Chinese translation rights arranged through Rightol Media（本书中文简体版权经由锐拓旗下小锐取得Emailcopyright@rightol.com）Chinese simplified character translation rights © 2019 Beijing Bamboo Stone Culture Communication Co.ltd

生命的故事

SHENGMING DE GUSHI

著　　者　(法) 纳奥米·黛丝克莱布
出 品 人　钱丹凝
策划编辑　村　上　高　润
责任编辑　王双叶　牛小红
装帧设计　胡椒书衣
责任出版　欧晓春
出版发行　四川科学技术出版社
成都市槐树街2号　邮政编码：610031
官方微博：http://e.weibo.com/sckjcbs
官方微信公众号：sckjcbs
传真：028-87734039
成品尺寸　170mm × 220mm
印　　张　4　　字数　80千
印　　刷　唐山富达印务有限公司
版　　次　2020年4月第1版
印　　次　2020年4月第1次印刷
定　　价　150.00元
ISBN 978-7-5364-9600-2
邮购：四川省成都市槐树街2号　邮政编码：610031
电话：028-87734035

■ 版权所有　翻印必究 ■

引言

玛丽亚·蒙台梭利认为，六岁以前的孩子的最大需求在于通过实践的、感官的、具体的活动来认知真实世界。这其中的关键，在于引导孩子将他们心中那个极为丰富的想象世界与他们需要一点点掌握规律的现实世界区分开来。

另外，从六岁开始，孩子具备了利用想象力将自身投射在较远的时间与空间中的能力：无论是群星，最初的人类，史前动物，还是宇宙的诞生……

也是在这个年龄段，孩子们开始提出那些最本质的疑问：世界是从哪里来的？人类是从哪里来的？为什么人类会在地球上？我为什么会在地球上？为这些存在找到答案，成为他们关注的核心。

鉴于此，我们决定通过一套五本原创连续读物将孩子们引入知识的世界，它们包括了对宇宙、对生命、对人类起源和文化起源的介绍，架构清晰且引人入胜。

通过这五本科学读物，您的孩子不仅能得到这些问题的答案，还将建立他在历史和自身角色认知方面的信心，并为他日后的知识学习和心理发展打下良好的基础。

玛丽亚·蒙台梭利教育方法的优势和独特性，在于将世界的起源以故事的形式娓娓道来，这些故事既有趣，又充满启发性和建设性。我们因此请您像讲故事一样大声读出这些故事，并且要告知孩子“这些故事都是真的”。为了让孩子更喜欢这些故事，您完全可以像读其他故事那样加重语气，用一种特别迷人或神秘的叙述腔调，尽可能丰富讲述的表演感（例如调暗灯光），带领孩子惊叹着进入这神奇的知识世界，让这些内容在他们心目中留下深刻印象。因此在您为孩子高声讲出这些故事以前，最好自己先读一遍，以熟悉其中的内容。

这套书并不能算作孩子科学学习的第一步，而更应该被视为他们对科学兴趣的初次唤醒。书中所涉及的互动游戏将不会影响您给孩子讲故事的进程，并且可以在孩子听完故事后一起实践。总之，这套书会在您孩子的书架上陪伴他很久，值得一读再读。

在这第二本科学启蒙书中，您的孩子将明白生命是如何在地球上出现的：从最初的细菌、藻类、珊瑚、水母到最初的海洋动物和鱼类，之后是最初的陆生植物、昆虫、两栖动物、爬行动物、恐龙和它们突然的灭绝，一直到人类的出现。您的孩子将会沉浸在对植物和动物的尊敬中——因为它们那样脆弱的同时又那样强大。

书中所涉及的信息就科学性而言都是正确的，从认知语境的角度出发，我们刻意避免了对细节的过分深入，以防孩子天然的好奇心被过剩的信息耗尽。

在阅读这本书的过程中，孩子们将会想更加深入地了解本书的主题，他们将学会尊重人类的过往、祖先、历史成就和天地间的伟大法则。一个了解了环绕在他周边世界的人，将不再会对世界怀有恐惧。

玛丽亚·蒙台梭利这位曾三次获得诺贝尔和平奖提名的女士一直深信，那些在孩童时期具有创造力、能够自由思考的人，长大成人后将会成为地球上善意的一员，令世界变得和平而美好。

贯穿本书，您将会发现这个符号，这是一些能够帮助您加深故事效果的互动内容，它将使书中的信息更为准确也更加易懂，有助于孩子们理解。

如果您希望与您的孩子完成互动内容，您需要提前进行准备，并将相关道具事先藏起来（例如藏在毯子下面），到互动环节再拿出来。

注意：大部分互动内容都很容易实现，但您依然需要全程在场以防任何可能的意外发生。

纳奥米·黛丝克莱布

今天，我要给你讲的是一个神奇的关于生命出现的故事。

在距今大约**40亿年前**，地球上还没有任何形式的生命，微小的物质聚集在海洋深处，准备形成**生命**。

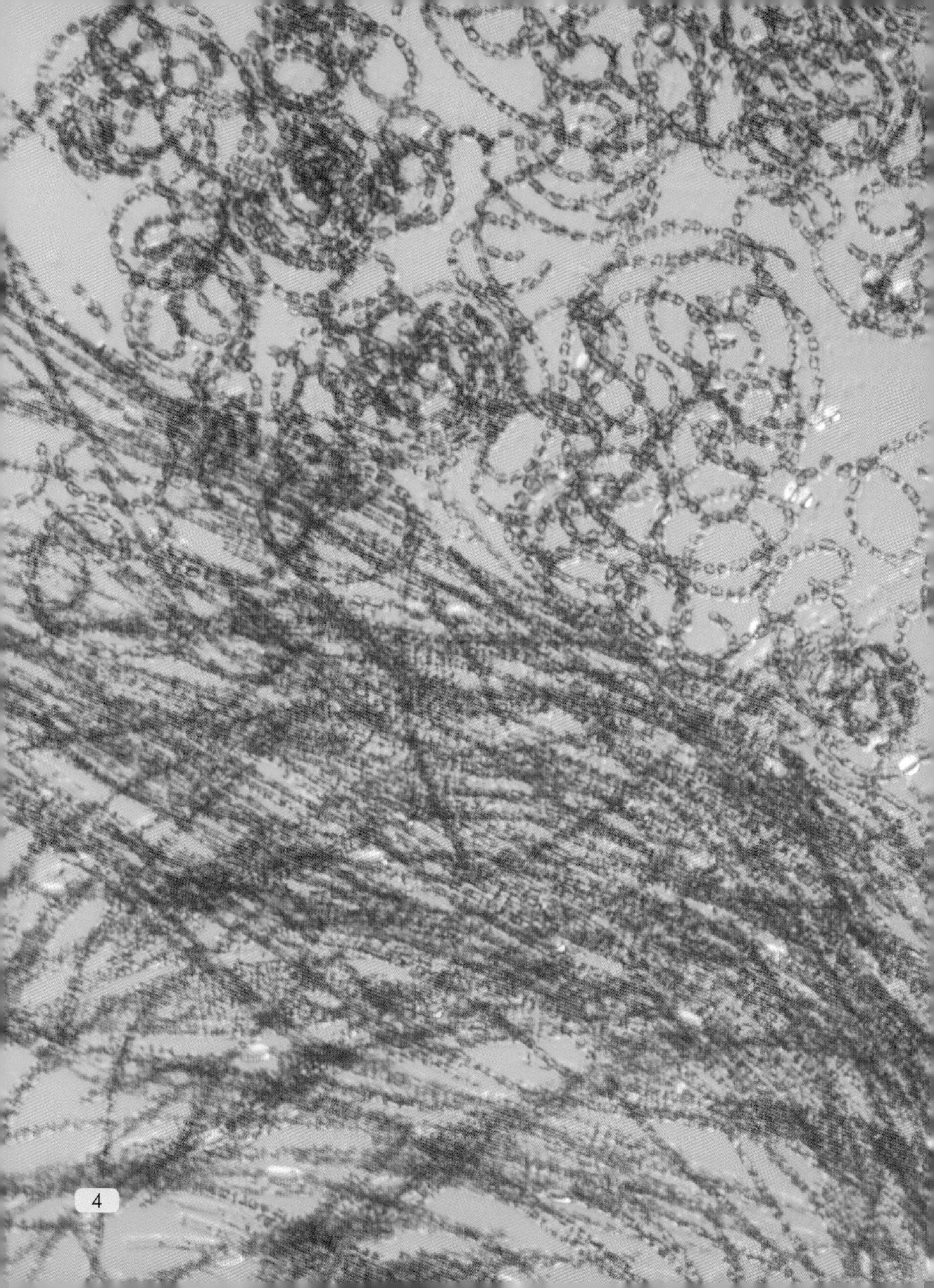

4

刚开始出现的当然是一种非常简单的生命形式：**没有脑袋，没有眼睛，没有腿，**只是一团很小的没有真正形状的物质，小到肉眼都无法看到。但直到今天，我们仍能在地球上找到数以**十亿计**的类似的生命——**细菌**。

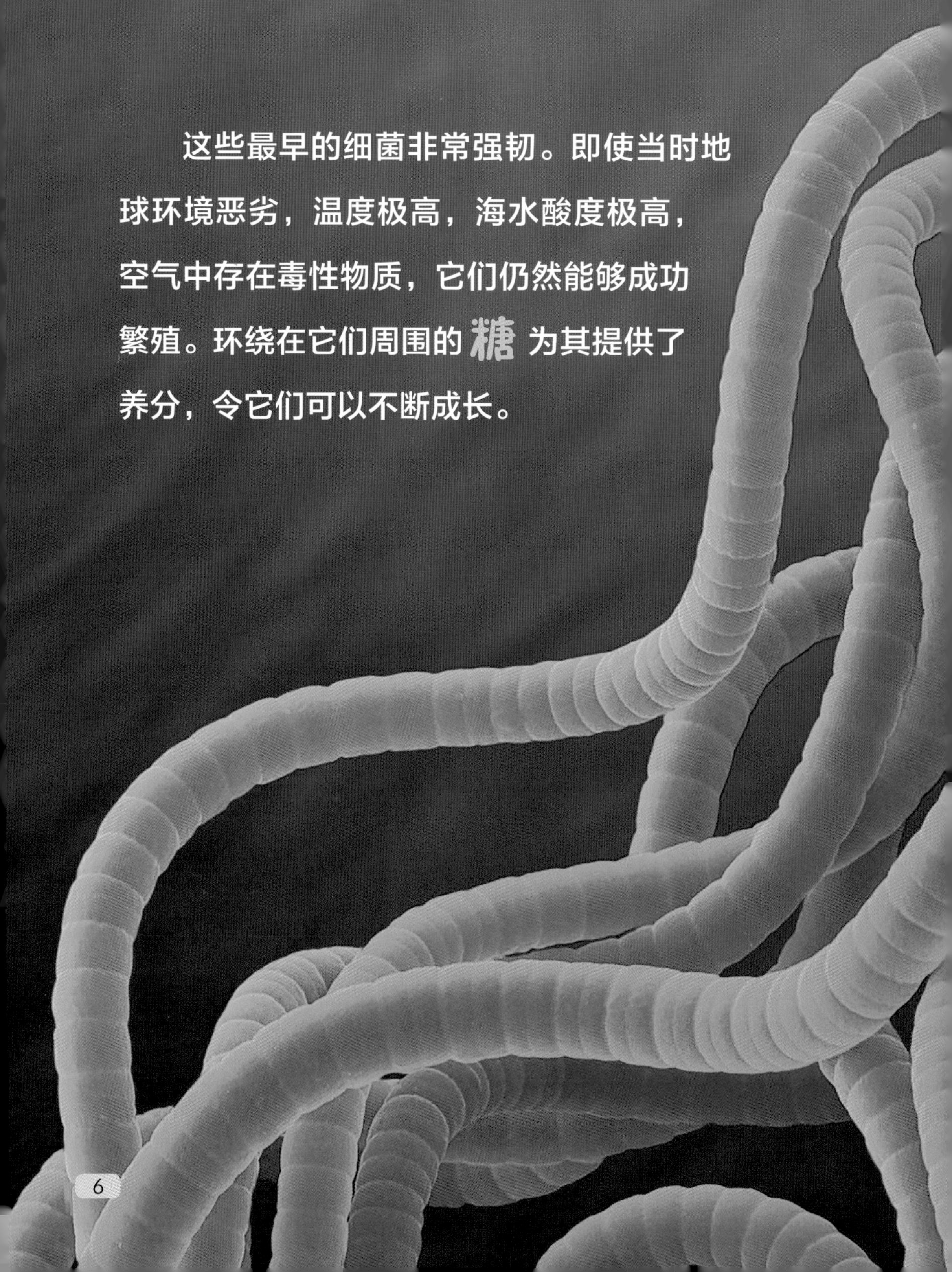

这些最早的细菌非常强韧。即使当时地球环境恶劣，温度极高，海水酸度极高，空气中存在毒性物质，它们仍然能够成功繁殖。环绕在它们周围的**糖**为其提供了养分，令它们可以不断成长。

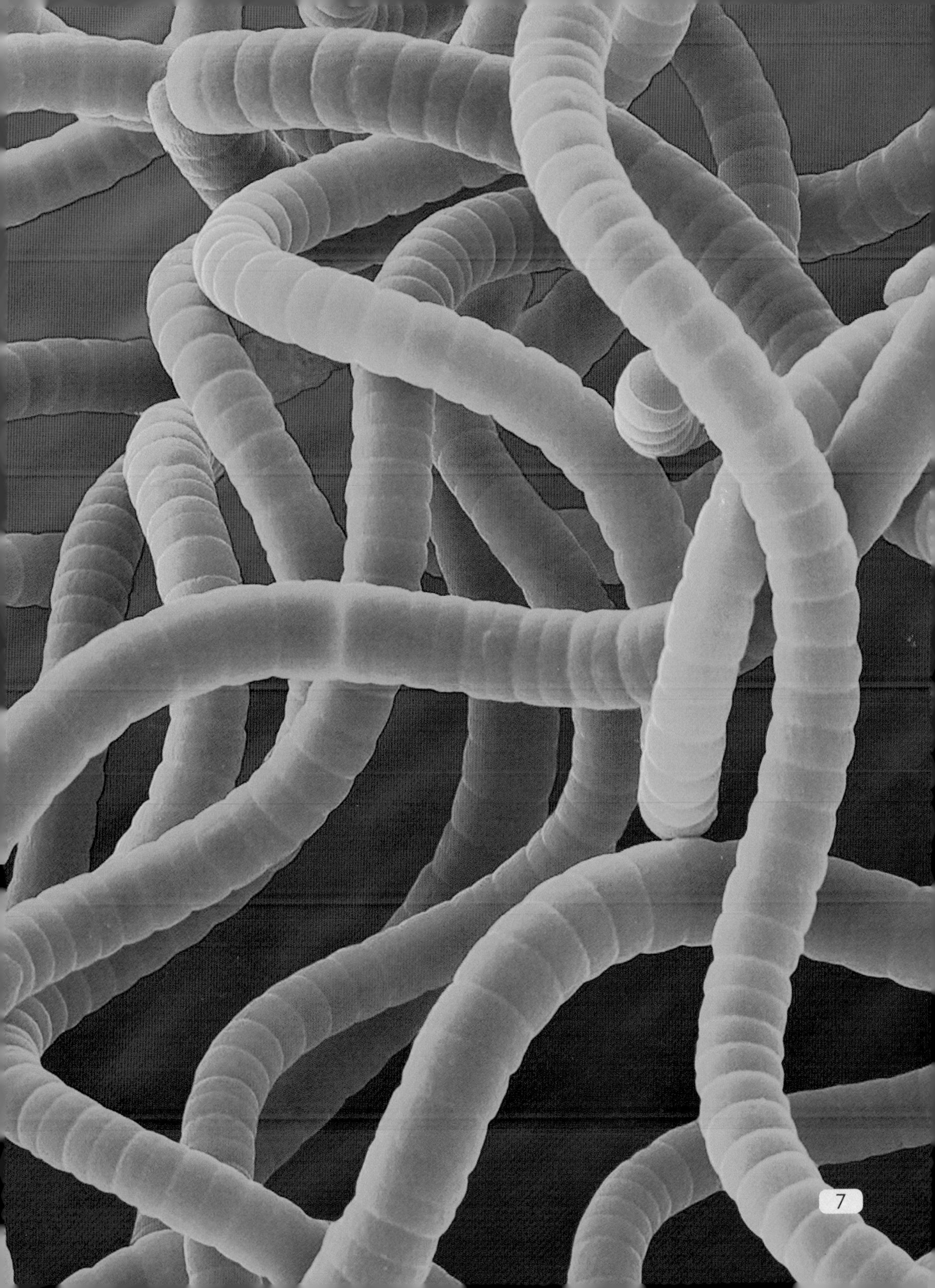

此后一段时间内，这些需要用显微镜才能看到的细菌是地球上存在的唯一生命形式。但糖总会耗尽，为了存活下去，它们必须找到一种能够自己制造糖的方式。

在那些较浅的水域中，某些暴露在阳光里并且能够接触到二氧化碳（存在于空气中）的细菌成功利用它们所吸收的二氧化碳制造出了糖分。

这就是我们所说的“光合作用”。

N°1

在光合作用的过程中，细菌开始将**氧气**以气体形态向大气中释放。后来，我们星球的大气层才有包含丰富的氧气。正是这种气体令生命能够发展出一种新的生存方式：**呼吸**。

新出现的生命开始呼吸。它们吸入氧气并将其转化为二氧化碳。

海洋中的生命迅速繁殖，并且不断分化。各种各样躯体柔软且没有骨骼的**海洋生物**出现了，例如水母、藻类、蠕虫等。

N°2

在距今5.5亿年前，出现了许多后来消失了的动物。其中包括了cloudina*，这是我们所知道的最早的**骨骼生物**。

*一种存在于艾迪卡拉时期（艾迪卡拉是元古宙最后的一段时期。一般指6.35亿~5.41亿年前）的原始海洋生物。

它的骨骼并不在体内，而是像护甲一样罩在它身体外面——这就是“外骨骼”。

又过了**数千万年**，一种新的小动物出现了，我们称它为metaspriggina*。这是我们所知道的最早的**脊椎动物**之一。它体内存在着一条能够令人联想到脊椎的结实的线。

* 最古老的鱼之一。

在同一时期，一种虽然无脊椎但进化得更高级的生物——**三叶虫**出现在了全球范围的海洋当中。它身负甲壳，这甲壳像铠甲一样覆盖在它的背部。

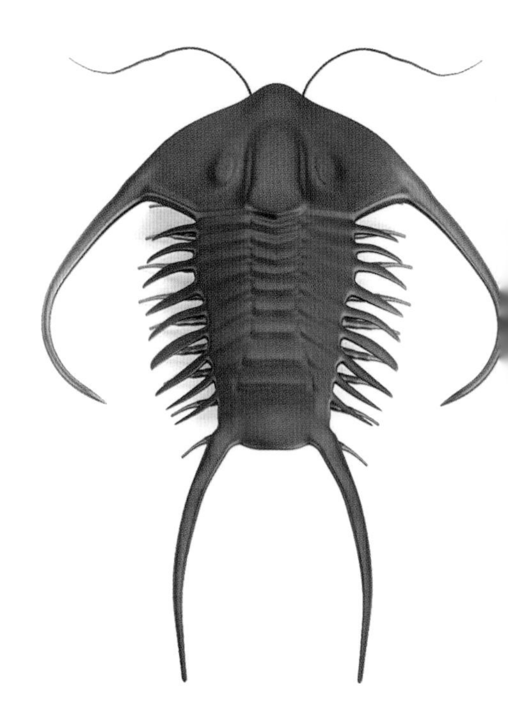
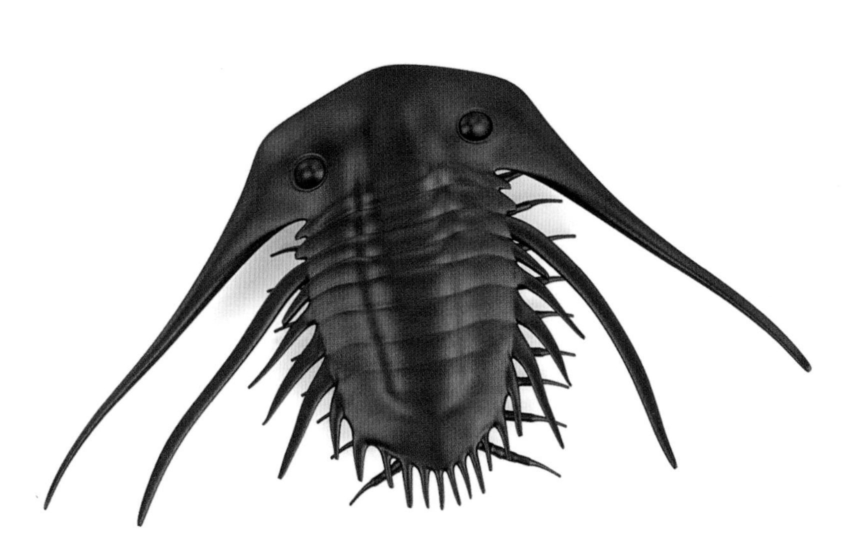
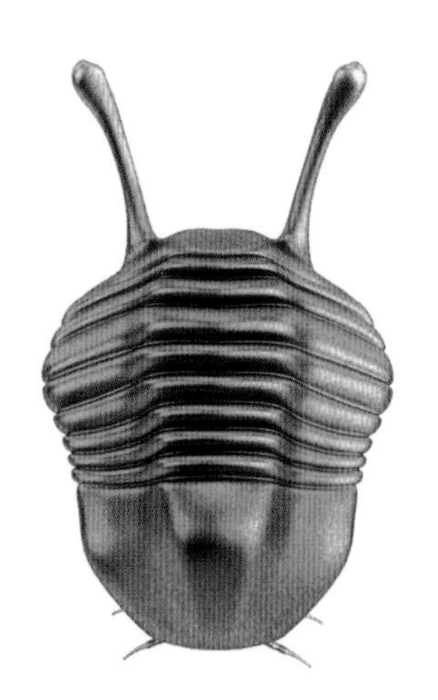

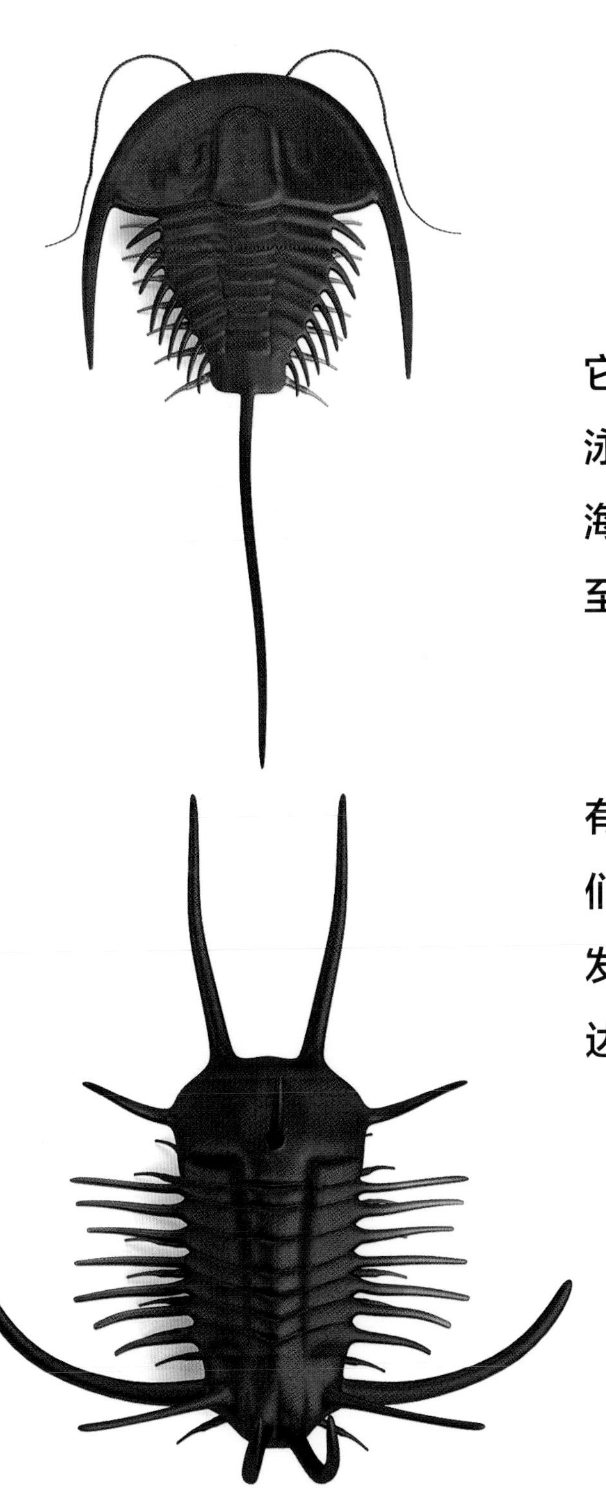

三叶虫彼此千差万别，它们有的有**眼睛**，会游泳；有的没有眼睛，只会在海底匍匐前进；还有一些甚至能将自己卷曲起来。

某些小三叶虫的身长只有**2毫米**，也就是说它们中最小的甚至没有你的头发粗。而最大的三叶虫身长达**70厘米**。

二叠纪末期，

由于某些我们尚且不知道的原因，三叶虫灭绝。

那我们又是如何知道它们存在过的呢？

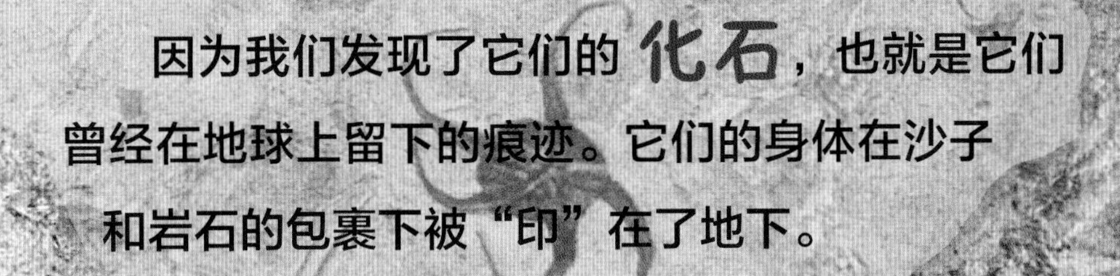

因为我们发现了它们的 **化石**，也就是它们曾经在地球上留下的痕迹。它们的身体在沙子和岩石的包裹下被“印”在了地下。

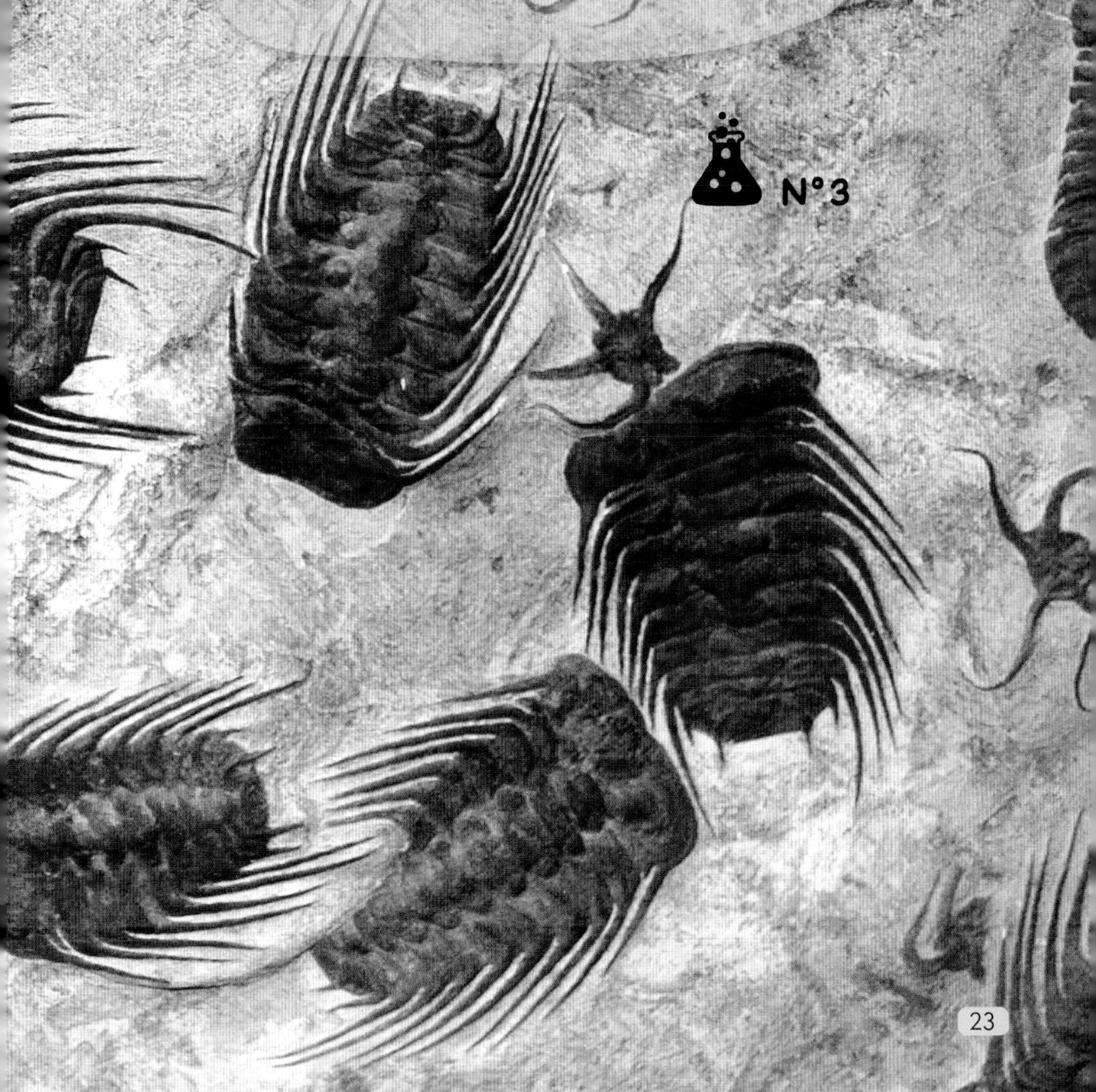

随着时间的推移，另一种动物出现在海洋中。这种生物拥有狭长的身体，表皮坚硬，被鳞片覆盖。它们在水中可以凭借鳍很容易地游动，并且可以在水中用鳃呼吸。

没错，你猜对啦，这就是鱼！在鱼的若干祖先中，有一种叫作“皮卡虫”。

在现今的鱼类当中，有些还同它们的祖先长得非常像呢！

N°4

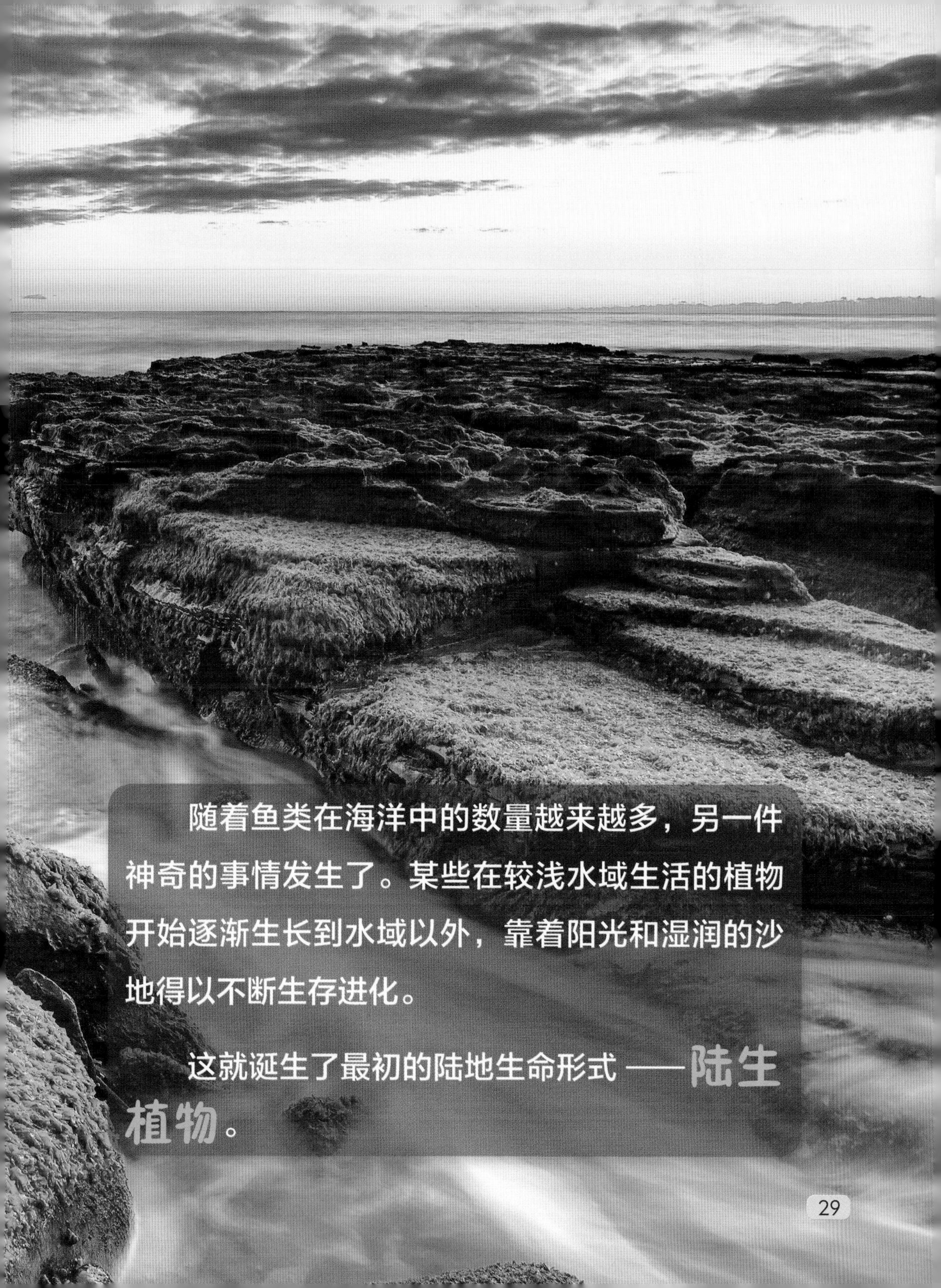

随着鱼类在海洋中的数量越来越多，另一件神奇的事情发生了。某些在较浅水域生活的植物开始逐渐生长到水域以外，靠着阳光和湿润的沙地得以不断生存进化。

这就诞生了最初的陆地生命形式——**陆生植物**。

渐渐地，不同形式、不同大小的植物陆续覆盖了地表。最开始是**菌类植物**和**苔藓**，后来出现了**蕨类植物**和其他各种**更大型的植物**。它们能够在距离海洋更远的地方生存，因为它们的根可以扎入地下很深处吸收水分。

N°5

陆生植物使一种新的生命形式——**昆虫**得以出现。你想象一下那些巨大的昆虫：无论是蟑螂还是蜻蜓，都有你的胳膊那么长。

今天，昆虫的数量仍然是地球上各类动物中最多的。当然，它们的体型比远古时代可要小多啦！

在距今约**3.75亿万年前**，某些鱼类的鳍渐渐变成了**脚**，使它们可以离开水域去陆地寻找食物。它们在陆地上会以什么为食呢？自然是昆虫啦！

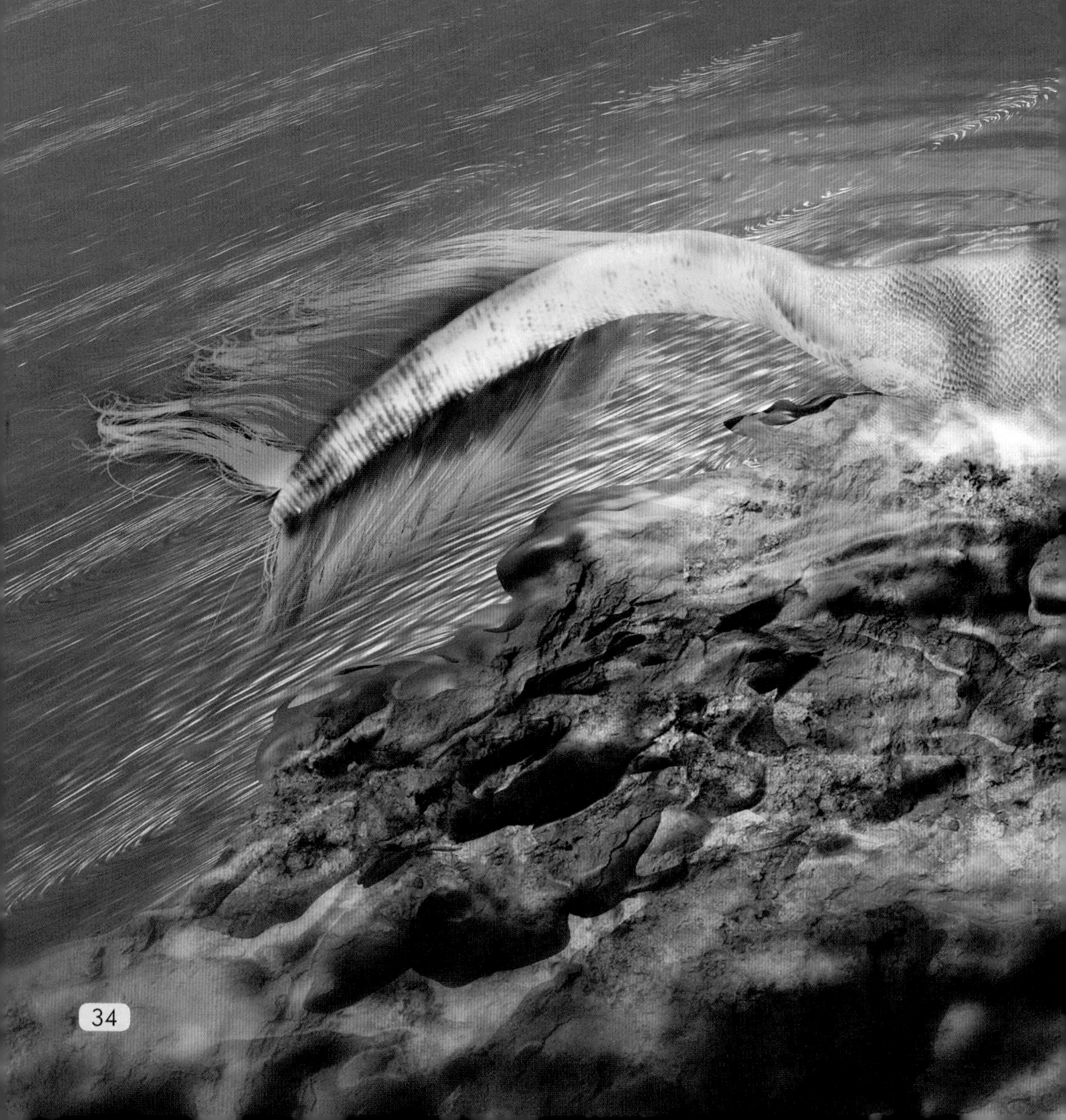

这种幼体用鳃呼吸、在水中生活，成体一般用肺呼吸、可以在陆地生活的动物叫作“**两栖动物**”。这一时期诞生了种类繁多的两栖动物，其中有不少我们今天仍然能见到，例如青蛙、蟾蜍、蝾螈等。

N°7

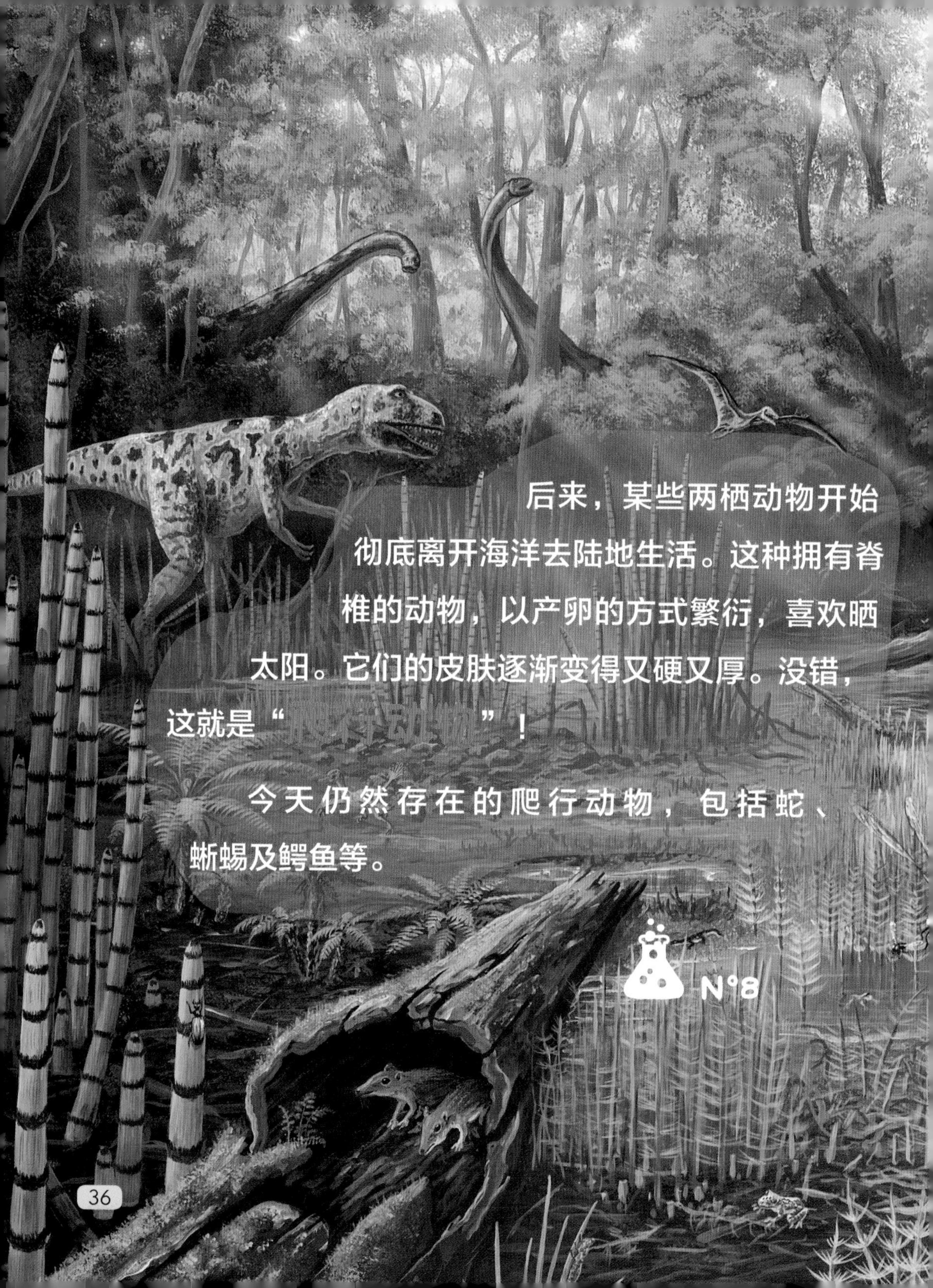

后来，某些两栖动物开始彻底离开海洋去陆地生活。这种拥有脊椎的动物，以产卵的方式繁衍，喜欢晒太阳。它们的皮肤逐渐变得又硬又厚。没错，这就是“爬行动物”！

今天仍然存在的爬行动物，包括蛇、蜥蜴及鳄鱼等。

千差万别的爬行动物逐渐主宰了地球。其中一些动物的体型变得巨大无比，它们的身高甚至相当于**一栋多层楼房**！它们的体重也极重。巨大的尾巴不仅可以用来保持身体的平衡，在受到攻击时也被它们用作自卫的武器。

N°9

你知道我所说的这种不同凡响的动物是什么了吗？对了，它们就是**恐龙**！

世界上曾经存在过数百种恐龙！草食型恐龙主要吃植物，肉食型恐龙则以两栖动物和小型爬行动物为食，有时也吃其他恐龙。有些恐龙用两脚行走，有些则以四脚行走，另一些还可能会游泳或飞行。你可能已经知道它们中的一些了——**霸王龙、梁龙、翼龙、剑龙、三角龙……**

恐龙曾经如此强大，它们统治了地球长达1亿多年，但最终还是消失了。

某些科学家认为，**恐龙灭绝的原因**是一颗或数颗巨大的陨石猛烈撞击了地球。另一些科学家则认为是大量火山从休眠中苏醒喷发，导致地球被笼罩在阳光无法穿透的厚重的火山灰云层下，恐龙和许多其他动植物因此遭到了灭顶之灾。关于恐龙灭绝的原因还有许多说法。

然而，还是有一些恐龙幸存下来，并且进化成了今天仍然存在的一种生物——鸟。你知道鸟和恐龙其实是有亲缘关系的吗?

N°10

大量的植物也幸存了下来，例如**松柏目植物**（包括松树、杉树、柏树等）以及那些开花植物。

而且新的昆虫也逐渐诞生，例如**蝴蝶**。

在恐龙灭绝之后，一类新的动物随之兴起，因为它们不再受到恐龙这个劲敌的威胁。

你知道是哪类动物吗？我来给你几个线索：它们浑身被毛覆盖，雌性动物在腹中孕育下一代，并且在它们诞生后用奶水喂养它们。你知道是什么了吗？对，就是**哺乳动物**！

N°11

哺乳动物的体型差异巨大。它们中的有些凭四足运动，例如猴子或犀牛；有些生活在水中，例如鲸；还有一些能够飞翔，例如蝙蝠！

在这些形形色色的丰富生命中，人类的痕迹最初是从何时起出现的呢？最初的人类是谁？他们又是如何生活的？

关于这些，你将在下一本科学启蒙书中找到答案。

互动游戏 1

（见第8～9页）

目的

让孩子看到酸奶中的细菌，令他们意识到在那些他们意想不到的地方存在着肉眼看不到的生命。同时，让孩子明白，细菌是最早在地球上出现的生命形式。

材料准备

- 显微镜
- 载玻片和盖玻片
- 亚甲蓝
- 滴管
- 天然酸奶

互动游戏步骤

1. 用滴管吸取酸奶最上面的一层，滴在载玻片中央。

2. 再用滴管取一滴亚甲蓝滴在载玻片的酸奶上。

③ 将盖玻片盖在混合物上。

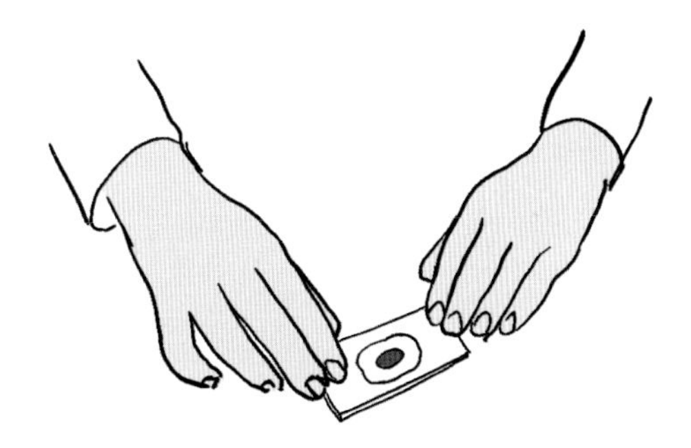

④ 用40倍显微镜观察强光下的载玻片。

提示：告诉您的孩子滴亚甲蓝是为了给液体中的细菌染色，令它们更容易被观察，蓝色并不是细菌的天然颜色。

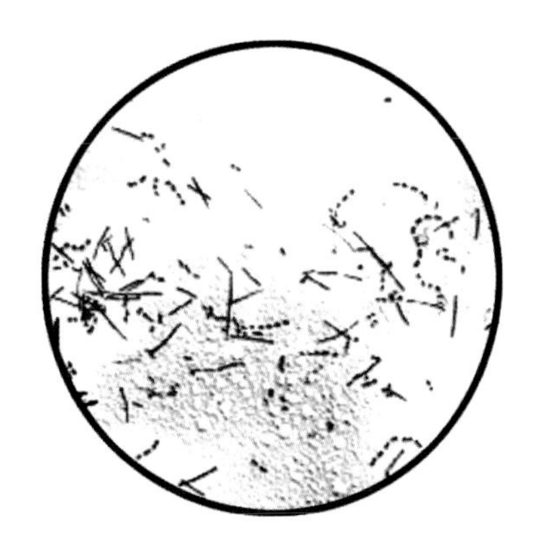

互动游戏 2

（见第12～13页）

目的

您的孩子已经知道他自己会呼吸，但是呼吸这个概念对他而言或许有些抽象。这个互动游戏的目的在于令他明白植物也会呼吸。

材料准备

- 一杯水
- 植物上摘下的一片绿叶

互动游戏步骤

1. 让您的孩子将双手放在自己的肚子和胸上，让他不要出声，集中精神在自己的呼吸上。他将会感觉到吸气和呼气时自己身体的运动，感觉到身体被空气充满，之后排空空气。

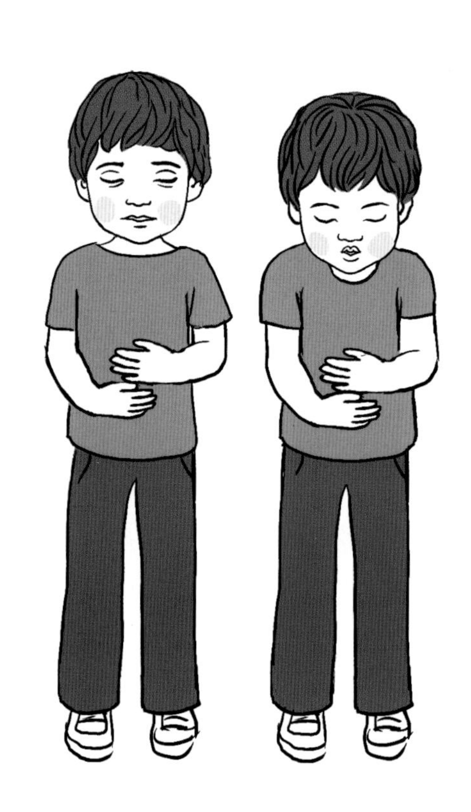

② 选择一个有阳光的地方，将新鲜的绿叶放进水杯中，然后将水杯置于阳光下。

③ 耐心等待（从叶子被放置起需要几十分钟到一个多小时）。一段时间后，在绿叶表面会出现许多小气泡，它们是植物所释放出来的气体。植物也在呼吸。

互动游戏 3

（见第22～23页）

这个互动游戏是为了向您的孩子解释化石的形成过程，令他明白几百万年前就消失的动植物是如何给今天的我们留下完整可见的痕迹的。

材料准备

- 一枚贝壳或一片树叶（不要太干）
- 凡士林油
- 石膏粉和水
- 容器（盆一类）
- 杯子

互动游戏步骤

1. 在贝壳或树叶表面涂满凡士林油。

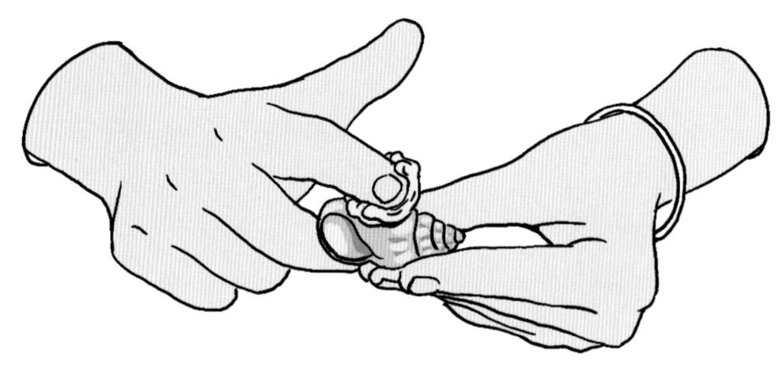

② 将水和石膏粉按照石膏粉包装上的说明混合，并静置数分钟，用勺子盛出一杯。

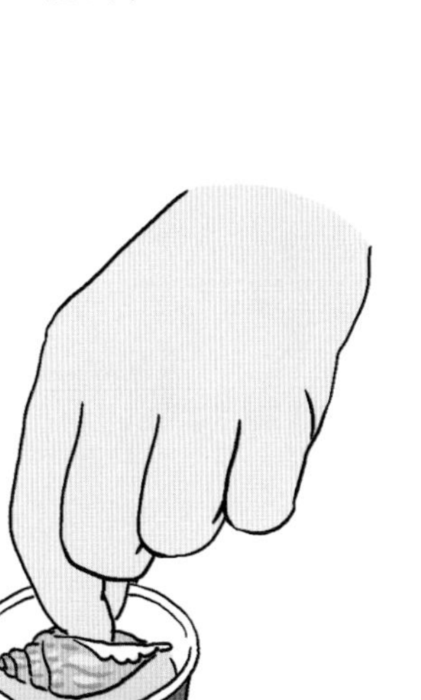

③ 将贝壳或树叶压入尚未全干的石膏泥中，不要太深。

24小时

④ 将杯子静置24小时。

⑤ 将贝壳从石膏中脱模取出，观察印在“化石”表面的贝壳痕迹。

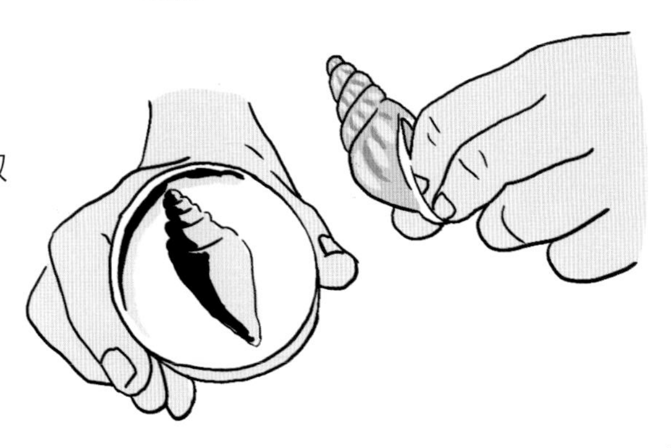

互动游戏 4

（见第26～27页）

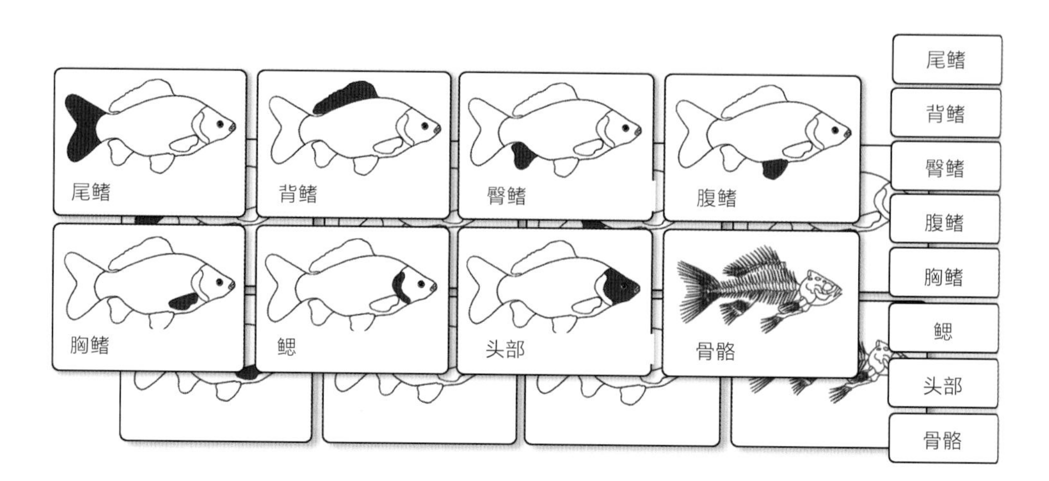

目的

了解鱼类的构造。

材料准备

- 带注释的图片：

（1）在网上找到鱼类的黑白图片，将它打印出8份。

（2）在每张图片上给不同区域上色：尾、背鳍、臀鳍、腹鳍、胸鳍、鳃、头部和骨等（根据所选鱼类图片的不同可能会略有不同）。

（3）在每张图片下方注明图中所标出颜色区域的名称。

- 不带注释的图片：用（1）和（2）的方法再制作一套图片。
- 标签：剪出8个标签，并在其上写出相应的8个区域的名称。

互动游戏步骤

❶ 邀请您的孩子将带注释的图片排列开，与他一起学习鱼类这些部位的名称。

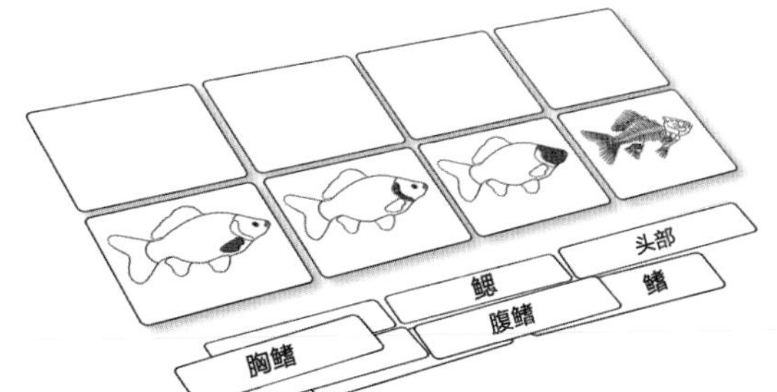

❷ 让您的孩子将带注释与不带注释的图片根据内容两两配对，将不带注释的图片放在下方。

❸ 让孩子将相应的标签放到每组图片上。

❹ 将带注释的图片翻转过去。

❺ 打乱标签顺序，再让您的孩子将标签放到相应的不带注释的图片上。

❻ 让孩子通过翻开带注释的图片验证自己的答案是否正确。

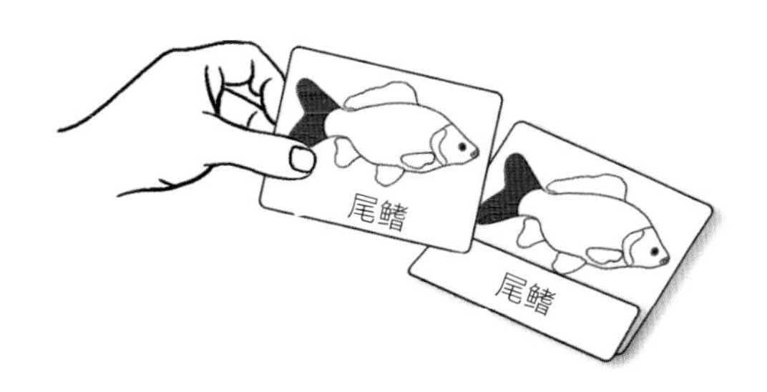

延展

- 带您的孩子去一趟水族馆。
- 与您的孩子一起完成一本小册子，每页贴一种鱼类照片，以便孩子感受生命的多样性。

互动游戏 5

（见第30～31页）

给您的孩子看一棵蕨类植物，让他有时间充分观察，可以借助放大镜。告诉孩子蕨类植物是最早的陆生植物之一。

互动游戏 6～11

（见第32～49页）

同样的，我们可以重复互动游戏4的步骤，只要分别将内容换成昆虫、两栖动物、爬行动物、恐龙、鸟类、哺乳动物，就可以进行**互动游戏6**（见第32~33页）、**互动游戏7**（见第34~35页）、**互动游戏8**（见第36~37页）、**互动游戏9**（见第38~39页）、**互动游戏10**（见第44~45页）、**互动游戏11**（见第48~49页）。

备注：在进行互动游戏9之前，带您的孩子去一趟自然历史博物馆，让他可以亲眼看到恐龙的复原模型。孩子会惊叹于恐龙的骨骼和它们庞大的体型。与孩子一起完成一本小手册，每页有一幅不同种类恐龙的照片。